ENJOY
meal
COOKING
All I WANT
is a Big Meal
VEGETABLES
Dinner is ready
eating is fun
KITCHEN

ENJOY
meal
COOKING
LUNCH
All I WANT
is a Big Meal
VEGETABLES
Dinner is
ready
eating
is
fun
KITCHEN

小廚房的食養計劃

零油煙の蔬食好味

無火 × 鍋煮 × 水蒸

拒絕油膩，享受下廚樂趣

素食名廚 陳穎仁 ◎著

前　言

不少外食族其實不是討厭下廚，也不是不想下廚，而是受制於「作菜很費時」的迷思，而且還有一個令人裹足不前的關鍵原因，那就是惱人的油煙與麻煩的準備工序，以及後續的環境整理。

作菜其實是一門生活藝術，藝術的呈現往往需要一些技巧，但這些技巧有時候並不如想像中那樣花俏；藝術的創作往往需要一些工具，但這些工具有時候簡單得出乎你的意料。這本書總共收錄了60道美味食譜，每一道菜餚不論是食材、調味，或所需的工具、製作的工法都極為輕簡，作者從多年掌廚的經驗中淬鍊精華，編寫食譜時力求深入淺出，即使是初次作菜的讀者，一定也可以輕鬆端出一盤好菜！

下廚可以是一件相當優雅的事情。享受動手料理的樂趣，並不一定要擁有多大的空間，也不一定要鍋碗瓢盆樣樣俱到，更不一定

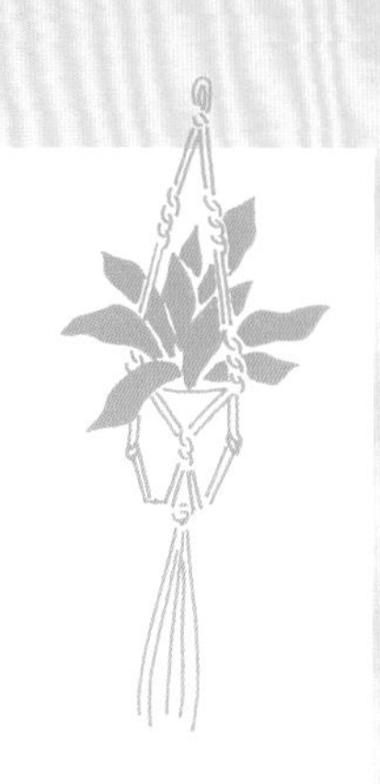

要有火、有熱源。準備食材不需要大費周章，烹調方式也不必只限於既定印象，本書介紹的每一道食譜，堅守「零油煙」的原則，在食材的選擇上貼近一般人的生活實況，絕對是日常容易購得的蔬食食材，這些設計為下廚者的優雅提供了最實在的支持。從準備到上桌，再也不必為了各種食材奔波勞苦，再也不必開著抽油煙機，不必擔憂居住空間被油煙汙染而難以清理。

本書規劃了三種調理方式，分別是Part 1無火輕食、Part 2鍋煮好食、Part 3水蒸美食，不論是冷盤、熱菜，還是配菜、點心，一本就能滿足讀者們生活中對蔬食料理的需求。尤其是對居住空間較小的人來說，即使住家沒有廚房的空間規劃，仍然可以動手作料理，享受下廚樂趣的同時，也對日常飲食多一份用心。衷心希望這本書能為你的「煮食生活」帶來實質上的幫助。

PART 1
無火輕食
Cooking Without Fire

PART 2
鍋煮好食
Blanch Cooking

水蒸美食
Steam Cooking

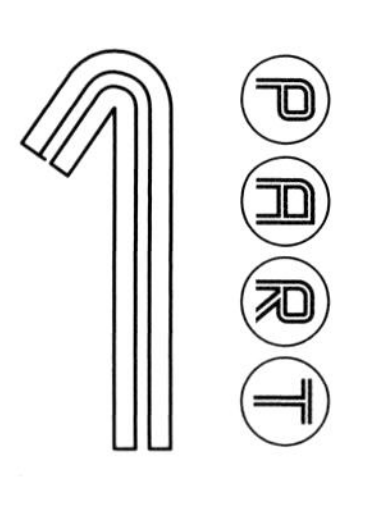
1
PART

COOKING
ENJOY
Meal
TASTY
Food-Drink
Cooking Without Fire
LUNCH

無火輕食

完全不必加熱，
保留最佳蔬果原味。
只要掌握一些食材處理技巧，
輕輕鬆鬆就讓你端出一盤拿手好滋味！

新好彩頭

材料

白蘿蔔……半條
紅辣椒……1條
小黃瓜……半條
白芝麻……1小匙

調味料

A 鹽……½小匙
B 味噌……½小匙
味醂……1小匙
細砂糖……½小匙
橄欖油……1大匙

作法

1. 白蘿蔔去皮、洗淨、切絲；紅辣椒洗淨、去籽、切絲；小黃瓜洗淨、切絲，備用。
2. 白蘿蔔與小黃瓜絲分別以鹽醃製15分鐘，取出以冷開水漂清鹽分，至手觸摸時有脆脆的感覺，再將白蘿蔔、小黃瓜與辣椒絲拌勻。
3. 調味料B調合後加入步驟2的材料拌勻。
4. 盛盤，最後撒上白芝麻即完成。

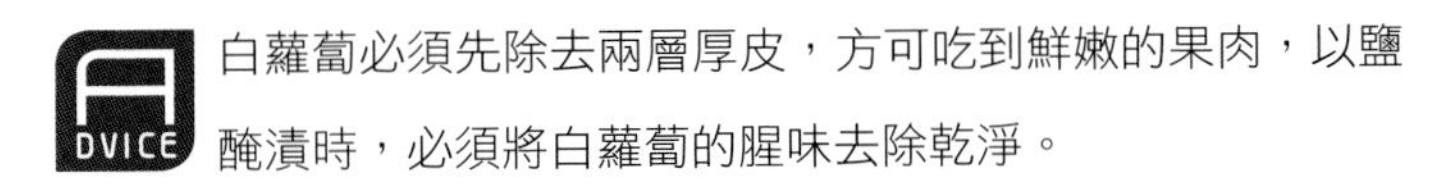

白蘿蔔必須先除去兩層厚皮，方可吃到鮮嫩的果肉，以鹽醃漬時，必須將白蘿蔔的腥味去除乾淨。

螺旋小黃瓜

材料

小黃瓜……………………2條

紅辣椒……………………1條

調味料

A 鹽 …………………… 1小匙

B 鹽 …………………… ½小匙

味醂…………………… 1小匙

白醋…………………… ½小匙

作法

1. 小黃瓜洗淨，整條以鹽（調味料**A**）醃漬20分鐘至表面軟化，軟化後以手略為按壓。
2. 紅辣椒洗淨，去籽後切絲。
3. 小黃瓜綠色部分以小刀採旋轉的方式刨削，每個大小約一圈半。將螺旋狀的黃瓜浸至冷開水中，泡至脆脆的，取出。
4. 步驟**3**的小黃瓜拌入調味料**B**，放進冰箱，約20分鐘後取出，撒上紅辣椒絲後即可食用。

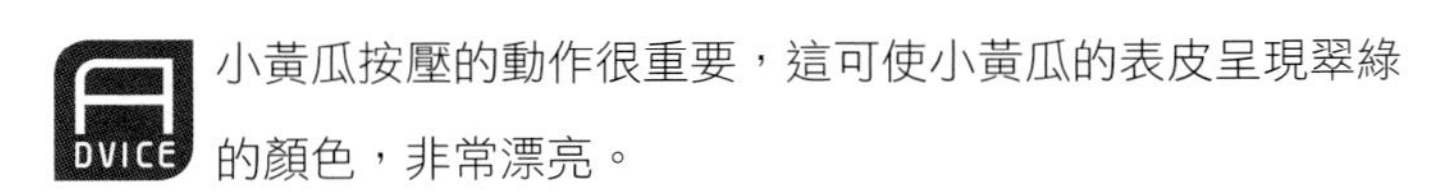

ADVICE 小黃瓜按壓的動作很重要，這可使小黃瓜的表皮呈現翠綠的顏色，非常漂亮。

涼拌珊瑚草

材料

泡珊瑚草……………150公克

小黃瓜…………………………1條

紅辣椒…………………………1條

白芝麻……………………1大匙

調味料

鹽……………………………1小匙

香菇粉……………………¼小匙

細砂糖……………………½小匙

味醂………………………½小匙

豆醬 ………………………1小匙

黑醋 ………………………½小匙

香油 ………………………1小匙

作法

1. 泡好的珊瑚草以冷開沖洗乾淨，略為修剪，避免太長。
2. 小黃瓜洗淨，拍碎切小段後，取少許鹽醃一下，去腥後再洗淨。
3. 紅辣椒切絲備用。
4. 調味料先在大碗內調合，再將所有材料倒入，拌勻後盛盤，最後撒上白芝麻即可食用。

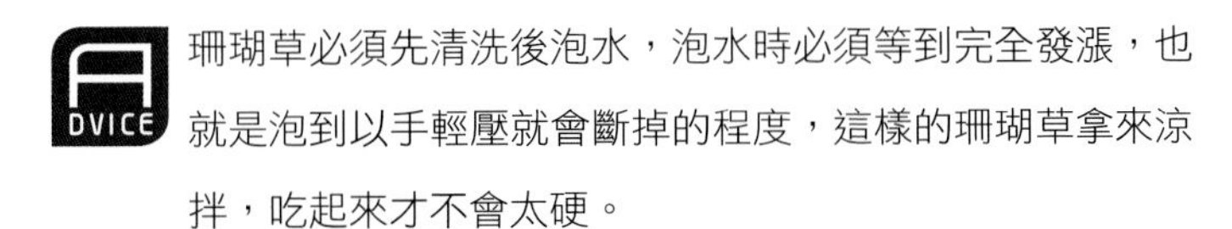

珊瑚草必須先清洗後泡水，泡水時必須等到完全發漲，也就是泡到以手輕壓就會斷掉的程度，這樣的珊瑚草拿來涼拌，吃起來才不會太硬。

04

味噌苦瓜

材料

苦瓜 ………………………… 1條

牛番茄 ……………………… 1個

調味料

味噌 ……………………… 1大匙

沙拉醬 …………………… 2大匙

細砂糖 …………………… 1小匙

味醂 ……………………… 1小匙

優格 ……………………… 1大匙

作法

1. 苦瓜去籽、去內膜，斜切片後洗淨泡冰水，放在冰箱內，泡至苦瓜呈透明狀。
2. 牛番茄洗淨後切片擺盤，中間放入泡好的苦瓜片。
3. 將所有調味料混合後成為醬汁，淋上醬汁即可食用。

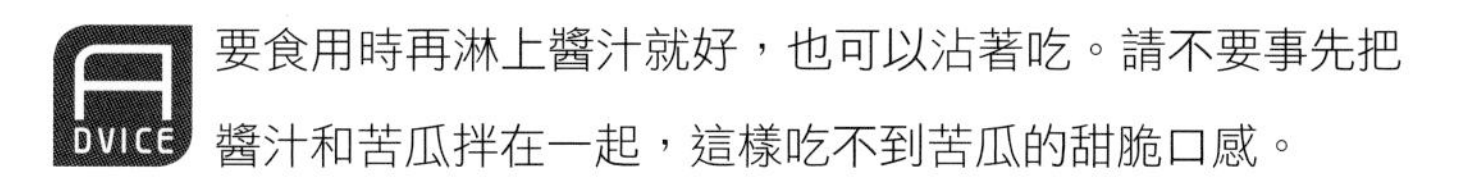

要食用時再淋上醬汁就好，也可以沾著吃。請不要事先把醬汁和苦瓜拌在一起，這樣吃不到苦瓜的甜脆口感。

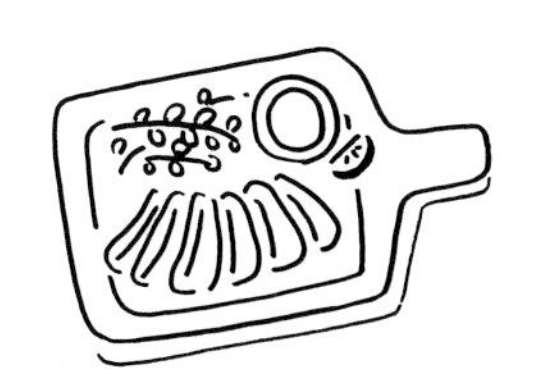

05

百香木瓜

材料

青木瓜	1個
紅甜椒	半個
百香果	2個
芒果	1個

調味料

A	鹽	1小匙
B	百香果醬	1大匙
	味醂	1大匙
	細砂糖	1大匙

作法

1. 青木瓜去皮、去籽，洗淨後刨成絲。紅甜椒洗淨後切成絲。青木瓜與紅甜椒分別以鹽醃漬30分鐘，然後漂水洗淨，去除鹽味。
2. 芒果取出果肉搗泥，百香果取果汁與果粒，與芒果泥混合後，再加入調味料**B**拌勻。
3. 將漂水的木瓜絲與紅甜椒絲瀝乾水分，拌入步驟**2**中，至少浸漬**1**小時，待入味後即可盛盤食用。

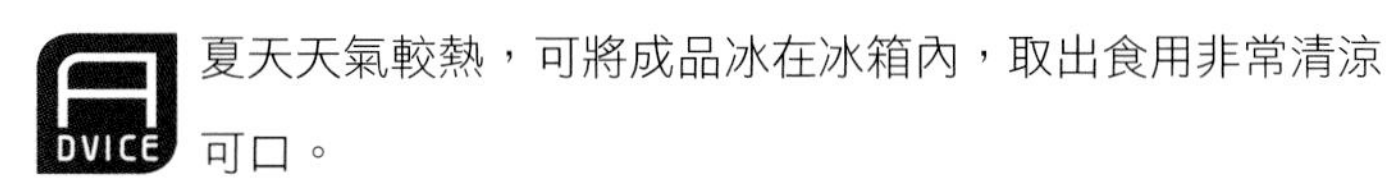

ADVICE 夏天天氣較熱，可將成品冰在冰箱內，取出食用非常清涼可口。

繽紛寒天

材料

寒天脆藻 240公克
小黃瓜 1條
胡蘿蔔 50公克
紅辣椒 1條

調味料

芝麻醬 2大匙
醬油 1大匙
香菇粉 1小匙
細砂糖 1大匙
白醋 1大匙
香油 1大匙

作法

1. 以冷開水洗淨寒天脆藻，泡冰水。
2. 小黃瓜、胡蘿蔔洗淨，切絲，泡冰水；辣椒洗淨，去籽，切絲。
3. 步驟**1**的寒天與步驟**2**的材料拌勻，擺盤。
4. 最後將調味料拌勻，調合為醬汁，淋上醬汁即可食用。

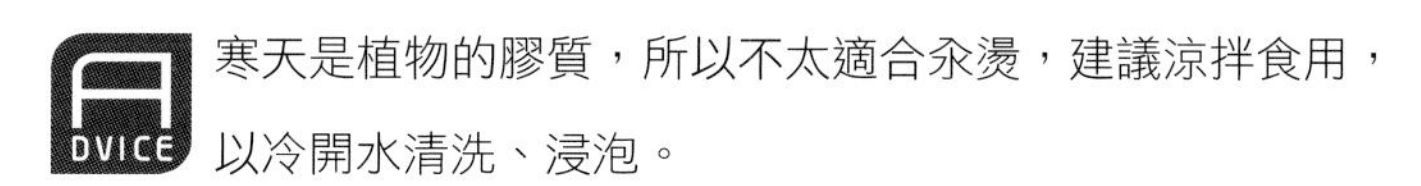

寒天是植物的膠質，所以不太適合汆燙，建議涼拌食用，以冷開水清洗、浸泡。

椒麻瓜片

材料

小黃瓜⋯⋯⋯⋯⋯⋯⋯⋯3條

紅辣椒⋯⋯⋯⋯⋯⋯⋯⋯1條

調味料

A 鹽⋯⋯⋯⋯⋯⋯⋯⋯1小匙

B 椒麻汁：

醬油⋯⋯⋯⋯⋯⋯⋯1大匙

香菇粉⋯⋯⋯⋯⋯⋯少許

細砂糖⋯⋯⋯⋯⋯⋯1小匙

香油⋯⋯⋯⋯⋯⋯⋯1小匙

花椒粉⋯⋯⋯⋯⋯⋯1小匙

辣椒粉⋯⋯⋯⋯⋯⋯¼小匙

烏醋⋯⋯⋯⋯⋯⋯⋯少許

作法

1. 小黃瓜洗淨、去頭尾，每條橫切成兩段後再切成片。
2. 小黃瓜片以調味料**A**醃10分鐘，漂冰水後瀝乾水分。
3. 將調味料**B**拌勻，調合成椒麻汁。
4. 小黃瓜片排在盤子上，紅辣椒切絲後撒上，最後再淋上椒麻汁即完成。

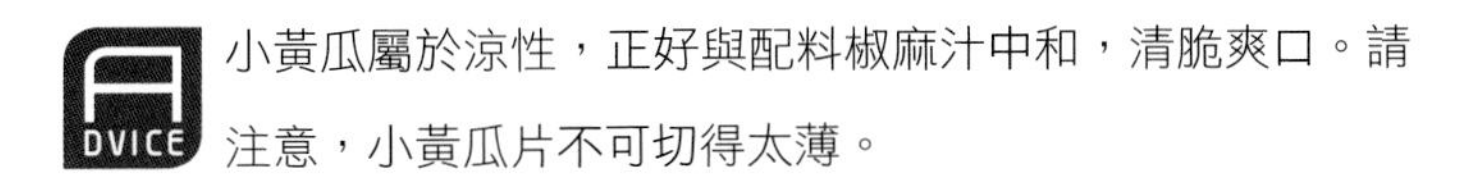

ADVICE 小黃瓜屬於涼性，正好與配料椒麻汁中和，清脆爽口。請注意，小黃瓜片不可切得太薄。

水果米捲

材料

奇異果……………………1個
水蜜桃……………………1個
西瓜 ………………………1塊
蘋果 ………………………1個
越式米皮 …………………3張

調味料

沙拉醬……………… 3大匙
花生粉……………… 1大匙
糖粉 ………………… 1大匙

作法

1. 奇異果、水蜜桃、西瓜、蘋果去皮後切成條狀。
2. 越式米皮噴少許水，將步驟**1**的材料放在米皮上，淋上沙拉醬，再撒上花生粉、糖粉，捲起即完成。

可依喜好變化水果種類。米捲包好之後要馬上吃，如果放太久，米皮會變硬。

黃瓜起司捲

材料

小黃瓜……………………1條

起司 ………………………4片

燒海苔……………………1張

調味料

A 沙拉………………… 適量

B 鹽 …………………… 適量

作法

1. 小黃瓜洗淨，切條狀，以少許鹽稍微醃漬一下。
2. 燒海苔平均切成4小張，貼上起司片，中間放入小黃瓜條，捲起。
3. 將步驟**2**斜切成厚片，擺盤即完成。食用時可擠上一些沙拉醬。

海苔很怕遇上有水分的食材，所以包捲後就要立刻吃掉，否則放久了海苔會軟化而影響口感。

10

香鬆玉絲

材料

西瓜皮………………200公克
乳酪絲…………………50公克
味島香鬆………………1大匙
素肉鬆…………………1大匙

調味料

沙拉醬…………………1大匙

作法

1. 西瓜皮去掉綠色硬皮的部分，留下白肉部分，切成絲，泡入冰水。
2. 沙拉醬與素肉鬆調勻。
3. 步驟**1**的西瓜絲瀝乾水分，拌入乳酪絲以及步驟**2**的調味醬，擺盤後撒上味島香鬆即完成。

西瓜皮請選擇白肉部分厚一點的，口感上會比較脆。

梅香紅心果

材料		調味料	
火龍果	1個	梅子粉	適量
紅甜椒	1個		
薄荷葉	3片		

作法

1. 火龍果去皮，以模型將果肉切割成3個圓柱狀，並將圓柱中間挖空。
2. 紅甜椒洗淨後切細丁，拌入梅子粉，塞入步驟**1**的火龍果圓柱內。最上面以薄荷葉點綴即完成。

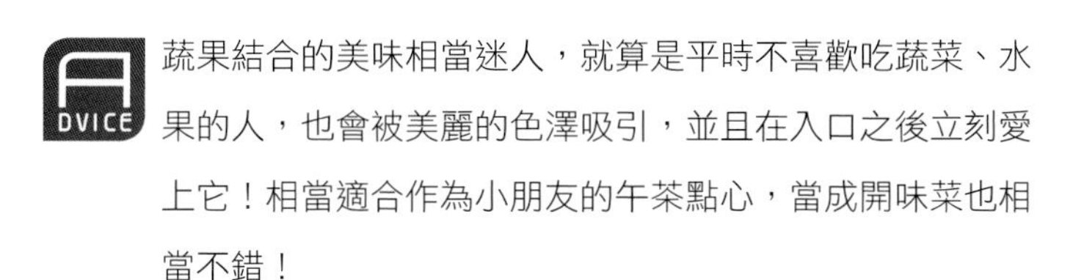

ADVICE

蔬果結合的美味相當迷人，就算是平時不喜歡吃蔬菜、水果的人，也會被美麗的色澤吸引，並且在入口之後立刻愛上它！相當適合作為小朋友的午茶點心，當成開味菜也相當不錯！

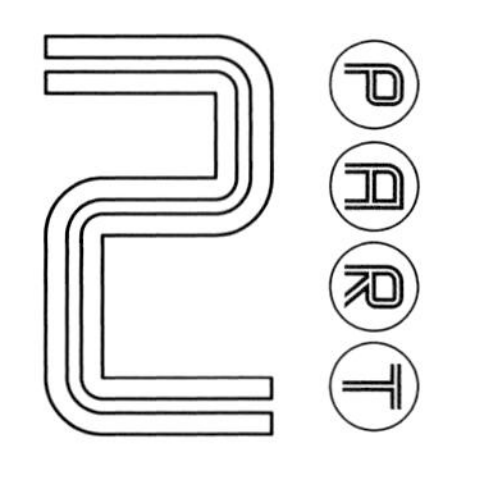
2
PART

COOKING
ENJOY
Meal
TASTY
Food and Drink
Blanch Cooking
LUNCH

鍋煮好食

只要一只鍋，
搭配瓦斯爐或電磁爐，
就算是廚房空間小也完全沒有問題！
每個人都能優雅作出多款料理，
充分享受下廚樂趣。

桔醬玉筍

材料

茭白筍……………………2根
紅甜椒…………………… 半個
毛豆仁………………… 1大匙

調味料

桔子醬………………… 1大匙
蜂蜜 …………………… 1小匙
味醂 …………………… 1小匙
香油 …………………… 1小匙

作法

1. 茭白筍去掉外殼後洗淨，滾刀切塊；紅甜椒對半切，去籽，洗淨後切丁；毛豆仁洗淨備用。
2. 鍋中放入適當的水量，水煮開之後，將茭白筍、毛豆仁先放入鍋中，再放入紅甜椒，待三種材料皆燙熟之後，撈起放入盤中。
3. 將調味料調合成為醬汁，倒入步驟**2**的材料中，一起拌勻即可食用。

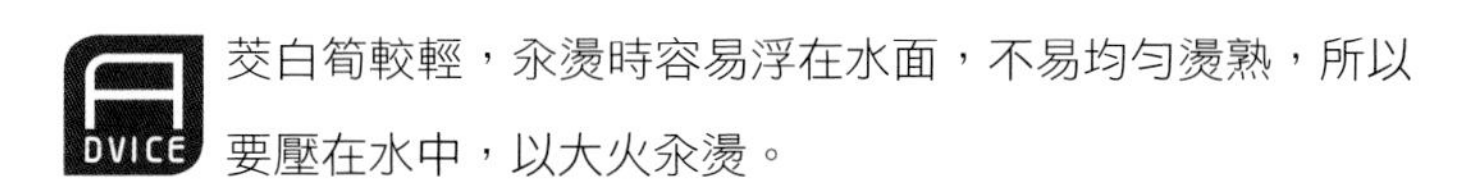

茭白筍較輕，汆燙時容易浮在水面，不易均勻燙熟，所以要壓在水中，以大火汆燙。

芝麻牛蒡絲

材料

牛蒡……………………1根

黑芝麻…………………1大匙

調味料

鹽……………………1小匙

香菇粉………………½小匙

細砂糖………………½小匙

味醂…………………1大匙

香油…………………1大匙

作法

1. 牛蒡去皮、洗淨，切絲後泡水。
2. 煮一鍋水，煮開後放入牛蒡，煮至軟透，取出漂冷開水。
3. 將牛蒡絲瀝乾水分，拌入調味料，拌勻後再撒上黑芝麻即完成。

牛蒡去皮之後很容易因為氧化而變黑，所以在切牛蒡絲時，先準備一盆水，可將切好的牛蒡絲先泡入水中，防止變黑。

& Fresh

枸杞拌牛蒡絲

材料		調味料	
牛蒡	1根	鹽	1小匙
黑芝麻	1小匙	香菇粉	½小匙
枸杞	1小匙	味醂	1小匙
		香油	1小匙

作法

1. 牛蒡去皮、切絲，先泡冷水，再放入開水中汆燙，撈起。
2. 枸杞以冷開水泡開。
3. 將調味料與牛蒡絲、枸杞拌匀，最後撒上黑芝麻即完成。

在芝麻牛蒡絲的基礎上，再加入枸杞，除了增加β-胡蘿蔔素與維生素E的攝取，在配色上也可以更為活潑，促進食欲。

涼拌南瓜

材料

南瓜……200公克
葡萄乾……30公克
枸杞……1大匙

調味料

鹽……1小匙
蜂蜜……1小匙
香鬆……1小匙

作法

1. 南瓜去皮，洗淨，切丁，放入鍋中，水滾煮1分鐘後撈起，放入冷開水漂涼，接著撈出放入大碗中備用。
2. 枸杞以冷開水泡開，撈起置入步驟1的南瓜中拌勻。
3. 在步驟2中放入葡萄乾，加入鹽、蜂蜜輕拌。
4. 盛盤時再撒上香鬆即完成。

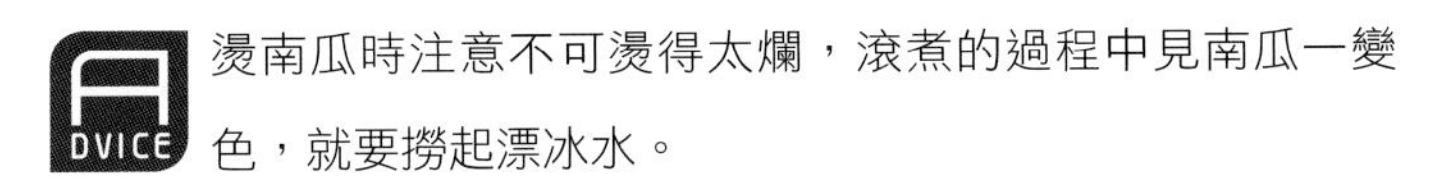

燙南瓜時注意不可燙得太爛，滾煮的過程中見南瓜一變色，就要撈起漂冰水。

16

拌馬鈴薯

材料

馬鈴薯……………………… 1個
蜜汁黑豆……………… 1大匙
胡蘿蔔………………… 30公克
香菜 ………………………… 1株

調味料

淡色醬油 ……………… 1大匙
味醂 …………………… ½小匙
香菇粉………………… ½小匙
香油 …………………… 1小匙

作法

1. 馬鈴薯、胡蘿蔔去皮，洗淨後切絲，泡水。
2. 香菜洗淨去根，切小段。
3. 水滾後放入切絲的馬鈴薯、胡蘿蔔，轉大火，汆燙約3分鐘後，取出泡冰水。
4. 所有調味料調合成醬汁，與馬鈴薯絲、胡蘿蔔絲、黑豆、香菜一起拌勻即可食用。

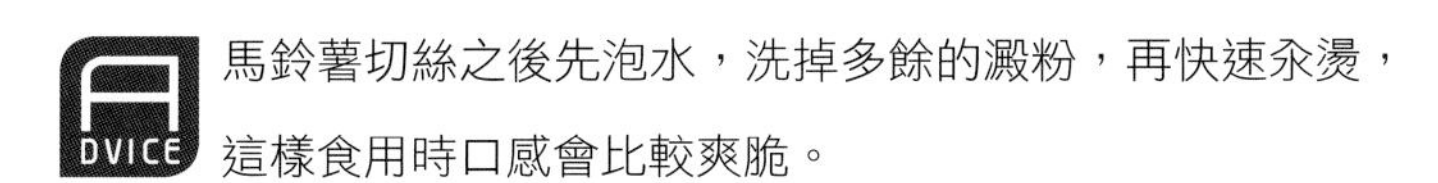

馬鈴薯切絲之後先泡水，洗掉多餘的澱粉，再快速汆燙，這樣食用時口感會比較爽脆。

彩色蘆筍

材料

蘆筍……………………………1把
紅甜椒……………………… 半個
黃甜椒……………………… 半個
豆薯 …………………… 50公克
黑芝麻…………………… 1小匙

調味料

鹽………………… 1又½小匙
香菇粉………………… 1小匙
橄欖油………………… 1大匙

作法

1. 蘆筍洗淨後切段；紅甜椒、黃甜椒洗淨後去籽、切條；豆薯去皮，洗淨後切條。
2. 步驟**1**的材料以大火氽燙，約3分鐘後撈起，放入冰水中漂涼，再撈起放入碗中。
3. 調味料調勻為醬汁，再加入黑芝麻，拌入步驟**2**即完成。

請盡量選擇鮮嫩的食材，食用時才會覺得可口美味。食材氽燙時一定要開大火，縮短烹飪的時間，藉此保住食物美好的原味。

柳松銀絲

材料

綠豆芽……………… 100公克
柳松菇………………… 80公克
壽司豆皮 …………………3個
紅甜椒…………………… ¼個
碧玉筍………………………1根

調味料

和風醬………………… 2大匙

作法

1. 綠豆芽洗淨、去頭尾，泡水；柳松菇洗淨、去蒂；紅甜椒洗淨後切小條；碧玉筍切片。以上材料一起汆燙漂涼。
2. 壽司豆皮切細條，與和風醬拌勻。
3. 將步驟**1**的材料瀝乾水分，盛盤時再將步驟**2**的壽司豆皮拌入即完成。

綠豆芽最好買沒有泡過水的，買回來之後再洗淨，並切去頭尾。

醬拌鮮筍

材料

綠竹筍……………………2根

生米 ……………………1小匙

綠色花椰菜……………1小朵

調味料

紅麴醬……………1又½大匙

素蠔油…………………1小匙

味醂 ……………………1小匙

香油 ……………………1小匙

作法

1. 筍帶殼去筍尖，放入冷水中，加入生米，大火煮開後轉小火，煮25分鐘，取出待涼，不可泡水。
2. 綠色花椰菜切小朵，汆燙後漂涼並排盤。
3. 步驟**1**的綠竹筍冷卻後，去殼、去皮，切塊擺盤。
4. 調味料拌勻成為醬汁，步驟**3**的竹筍淋上醬汁即可食用。

煮綠竹筍時可以放一些生米，這是要藉由米的酵素來軟化竹筍纖維，使竹筍更加鮮嫩、清甜。也可以直接以洗米水來煮，同樣具有效果。

五彩瓜丁

材料

大黃瓜……………… 半條
熟花生…………… 50公克
紅甜椒……………… 半個
黃甜椒……………… 半個
杏仁豆…………… 50公克
葡萄乾……………… 1大匙

調味料

鹽……………………… 1大匙
香菇粉………………… 少許
味醂…………………… 1小匙
橄欖油………………… 1大匙
檸檬汁………………… 少許

作法

1. 大黃瓜去皮、去籽，洗淨後切丁，以鹽略微醃漬。
2. 紅、黃甜椒洗淨後切丁，與熟花生一起汆燙後漂涼。
3. 將步驟**1**的大黃瓜丁泡冰水，瀝乾水分後加入所有材料及調味料，拌勻即可食用。

若喜歡吃辣一點兒，可以加上辣味唐辛子調味。

桑椹蓮藕

材料

蓮藕……………200公克

桑椹汁……………50公克

原味優格………… 1大匙

調味料

A 鹽………………… 1小匙

B 味醂…………… 1小匙

作法

1. 蓮藕洗淨，去皮後切片，並泡水，再以鹽水汆燙，漂涼備用。
2. 濃縮桑椹汁加入優格及味醂，拌勻，製成醬汁。
3. 蓮藕瀝乾水分，拌入步驟**2**的醬汁即完成。

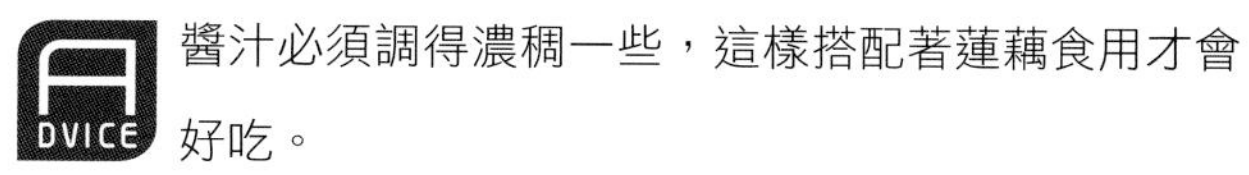

醬汁必須調得濃稠一些，這樣搭配著蓮藕食用才會好吃。

芒果豆捲

材料

芒果……1個
四季豆……150公克
大白菜……2片
芹菜……2根

調味料

藍莓醬……1大匙
沙拉醬……2大匙

作法

1. 四季豆去筋、洗淨，切頭尾，使其長度一致，汆燙後漂涼。
2. 大白菜、芹菜洗淨後汆燙，漂涼。
3. 芒果去皮、切條。
4. 四季豆圍著芒果條擺放在大白菜葉上，大白菜捲起，再取芹菜綁緊。
5. 拌勻所有調味料製成醬汁，淋上醬汁即可食用。

四季豆要買新鮮、脆綠、有彈性的較好，不要太粗，要細直，作出來的成品會比較美觀。

沙拉葵瓜

材料

秋葵 ……………………6根

枸杞 ………………… 1小匙

調味料

A 鹽 ………………… 1小匙

B 沙拉醬 …………… 少許

作法

1. 秋葵洗淨後去蒂，汆燙後漂涼。汆燙時加入調味料**A**。
2. 枸杞以開水泡軟。
3. 秋葵排盤，淋上調味料**B**，最後撒上枸杞即完成。

汆燙秋葵時，必須等水開了再放入秋葵，並且要以大火汆燙，這樣才不會變黃。請務必燙至熟透，食用時才不會有青澀味。

扁尖燒白菇

材料

扁尖筍……………… 2條
白精靈菇………200公克
紅甜椒……………… 半個
青椒………………… 半個

調味料

醬油……………… 1大匙
香菇粉…………… 1小匙
細砂糖…………… ½小匙
味醂……………… 1小匙
香油……………… 1小匙

作法

1. 扁尖筍洗去鹽分，泡軟後切成條狀。
2. 白精靈菇洗淨、切段，汆燙後漂涼。
3. 紅甜椒、青椒洗淨並去籽，切條狀。
4. 熱鍋將調味料煮開，放入以上所有材料，煮至收汁即完成。

白精靈菇的甜味加上扁尖筍的香味真的是絕配。請務必試試這道簡易又令人難忘的菜餚！

紫捲蘆筍

材料

蘆筍 ……………………… 1把

紅甜椒…………………… 半個

燒海苔…………………… 2張

素鮪魚醬 ………………… 1罐

調味料

千島醬…………………… 3大匙

作法

1. 紅甜椒洗淨後切條，蘆筍洗淨、切段，皆汆燙後漂涼。
2. 燒海苔一張切成4份，每份皆鋪上鮪魚醬，再放上蘆筍及紅甜椒捲起，直立於盤中。
3. 最後淋上千島醬即可食用。

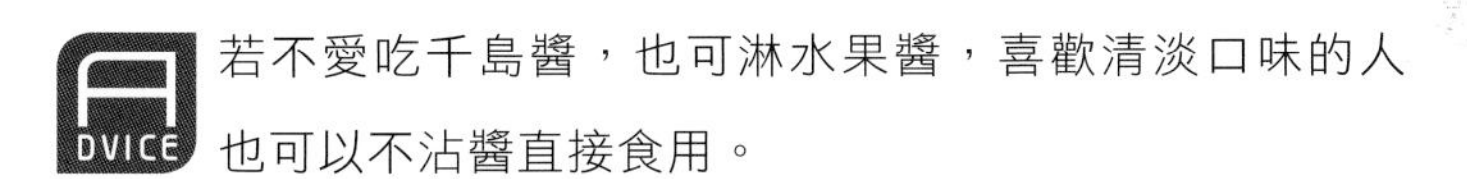

若不愛吃千島醬，也可淋水果醬，喜歡清淡口味的人也可以不沾醬直接食用。

松子蘆筍手捲

材料

苜蓿芽……5公克
蘆筍……4根
松子……50公克
燒海苔……1張
素鬆……10公克

調味料

A 花生粉……1小匙
糖粉……½小匙
B 沙拉醬……1大匙

作法

1. 苜蓿芽洗淨，以紙巾吸乾水分。
2. 蘆筍洗淨，汆燙後漂涼備用；花生粉拌入糖粉，拌勻備用。
3. 將燒海苔對切，包入步驟**1**、**2**的所有材料，淋上沙拉醬，捲起成甜筒形狀，最後將松子撒在上方即完成。

這道手捲作法相當簡單，不僅適合作為開胃菜，也可當零嘴吃。

鮮拌水晶筍

材料		調味料	
綠竹筍	2根	香菇醬油	1大匙
小黃瓜	1條	香菇粉	1小匙
辣椒	1條	香油	1大匙

作法

1. 綠竹筍帶殼煮熟，待涼後去殼、去皮，再切成薄片，愈薄愈好。
2. 小黃瓜洗淨、切片後，擺放在盤子的邊緣，中間排筍片。
3. 辣椒洗淨後切末，與所有調味料拌勻成醬汁，淋上醬汁即可食用。

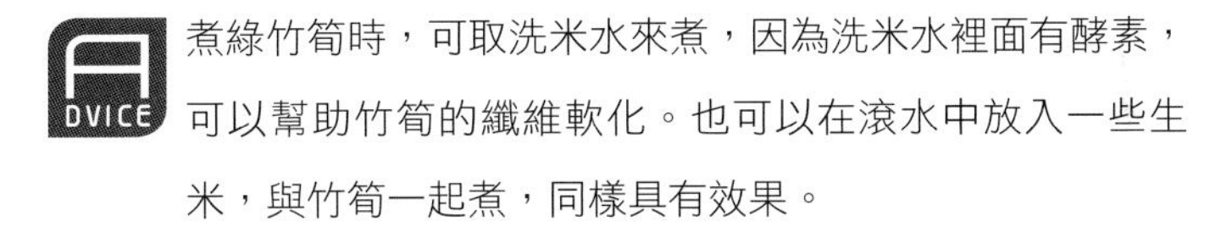

煮綠竹筍時，可取洗米水來煮，因為洗米水裡面有酵素，可以幫助竹筍的纖維軟化。也可以在滾水中放入一些生米，與竹筍一起煮，同樣具有效果。

袋裡乾坤

材料

四方形壽司豆皮⋯⋯⋯3個
綠豆芽⋯⋯⋯⋯⋯⋯100公克
小黃瓜⋯⋯⋯⋯⋯⋯⋯半條

調味料

芝麻醬⋯⋯⋯⋯⋯⋯⋯1小匙
和風醬⋯⋯⋯⋯⋯⋯⋯2大匙
芥末醬⋯⋯⋯⋯⋯⋯⋯½小匙
甜辣醬⋯⋯⋯⋯⋯⋯⋯1小匙

作法

1. 綠豆芽洗淨去頭尾，燙熱後泡入冰水中；小黃瓜洗淨、切絲，不汆燙，泡冰水口感會比較脆。
2. 將步驟**1**的材料放入壽司皮內。
3. 最後將所有調味料加在一起，攪拌調勻製成醬汁，以湯匙慢慢將醬汁灌入壽司皮內即完成。

這是作法簡單又相當好吃的一道菜，豆芽必須保持鮮脆口感，才能彰顯美味。

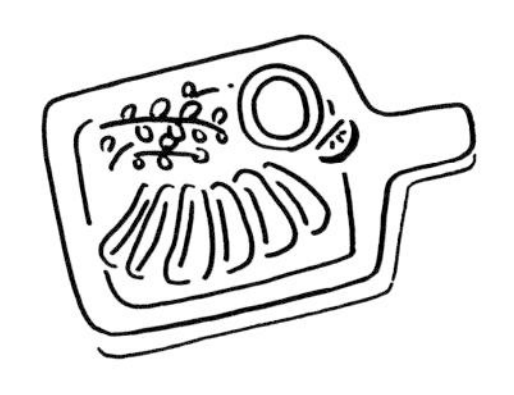

金菇芽菜

材料

罐頭金菇 ………………… 1罐
海帶芽（乾）……… 50公克
薑 ……………………… 1小塊
枸杞 …………………… 1小匙
毛豆仁 ………………… 1小匙

調味料

鹽 ……………………… 1小匙
香菇粉 ………………… 1小匙
味醂 …………………… 1小匙
白醋 …………………… ¼小匙
橄欖油 ………………… 1小匙
香油 …………………… 1小匙
胡椒粉 ………………… 少許

作法

1. 金菇與青豆仁汆燙漂涼。
2. 海帶芽與枸杞泡冷開水10分鐘，瀝乾水分。
3. 薑切絲，與調味料拌勻。
4. 最後將上述所有材料拌勻即可食用。

泡海帶芽的時間不可太長，如此膠質才不會溢出。膠質若溢出，這道菜的口感及美味就不如預期了。

福袋捆竹

材料

四方形壽司豆皮……4個
竹筍……1根
香菇……4朵
干瓢……2條

調味料

昆布醬油……1又½大匙
香菇粉……1小匙
味醂……1大匙
細砂糖……½小匙
香油……1大匙

作法

1. 竹筍帶殼煮熟，待涼，去殼去皮，切成小段長條。
2. 香菇泡水，洗淨後去蒂，切成條狀。
3. 竹筍與香菇放入壽司皮內，再以干瓢捆緊。
4. 調味料於鍋中加適量水煮開後，將步驟**3**的食材放入鍋中，先以大火煮滾，再轉小火煮20分鐘，取出擺盤即完成。

干瓢一定要捆緊，壽司皮入鍋煮的過程中才不會鬆開。

義式洋菇

材料

洋菇……10朵
小番茄……3個
甜豆……6片
黑橄欖……3顆
巴西利……少許
薑……1小塊

調味料

鹽……1小匙
檸檬醋……1小匙
香菇粉……½小匙
橄欖油……2小匙
黑胡椒……少許

作法

1. 巴西利、薑切末與調味料拌勻備用。
2. 洋菇洗淨切大丁汆燙漂涼。
3. 小番茄洗淨切對半，黑橄欖也切對半。
4. 甜豆洗淨去筋，汆燙備用。
5. 將洋菇、小番茄、黑橄欖與甜豆加入步驟1的調味料中，拌勻即可擺盤上桌。

這道菜很適合作為開胃菜，可事先備好置於冰箱冰透，食用時會更加爽口。

鴻喜三珍

材料

鴻喜菇	150公克
蘆筍	1把
白果	8顆
紅花	2公克

調味料

鹽	½小匙
香菇粉	½小匙
味醂	½小匙
橄欖油	1小匙
白芝麻	1小匙

作法

1. 紅花以水泡開，水量蓋過紅花即可。
2. 鴻喜菇洗淨去蒂。
3. 蘆筍洗淨切段。
4. 將白果與鴻喜菇、蘆筍一起汆燙，漂涼備用。
5. 將調味料加入紅花中拌勻。
6. 最後將所有食材拌勻即可食用。

ADVICE 泡紅花的開水不必倒掉，可一起拌勻食用。請注意！這道菜孕婦不可食用。

柳松珍花

材料

柳松菇……………… 150公克
金針花……………… 100公克
紅甜椒…………………… 半個
黃甜椒…………………… 半個

調味料

紅麴醬…………………… 1小匙
薏仁醋…………………… 1小匙
味醂 ……………………… 1小匙
橄欖油…………………… 1小匙

作法

1. 紅、黃甜椒洗淨後去籽，切條狀。
2. 柳松菇去蒂。
3. 金針花去蒂。
4. 將所有材料全部汆燙，漂涼備用。
5. 調味料先調合為醬汁，再與步驟4的食材拌勻即可食用。

汆燙時金針花最後再放，才不會煮得太熟爛。

鴻喜南瓜燒

材料		調味料	
鴻喜菇	150公克	鹽	⅛小匙
南瓜	150公克	冰糖	2大匙
紅棗	6顆	味醂	1小匙
薑	少許	水	1杯

作法

1. 鴻喜菇洗淨去蒂；南瓜去籽、去皮後切塊；薑拍碎。
2. 水煮開，放入紅棗及調味料煮約3分鐘，可蓋鍋蓋悶煮。
3. 鍋中接著放入步驟**1**的所有材料，以小火煮至收汁即可起鍋盛盤。

南瓜一定要煮至入味才好吃。甜口味的鴻喜菇吃起來口感相當特別。

和風靈菇

材料

白靈菇……………………1朵
小黃瓜……………………2條
小番茄……………………8個

調味料

A 鹽 …………………½小匙
B 和風醬 ……………… 適量

作法

1. 白靈菇汆燙，漂涼後切片。
2. 小黃瓜拍碎後切段，以鹽略微醃漬，瀝掉水分後鋪在盤底。
3. 將步驟**1**的白靈菇片排在步驟**2**盤中的小黃瓜上。
4. 小番茄對切，圍著盤緣擺放。最後淋上和風醬即可食用。

冰涼後會更好吃。也可使用美奶滋作為醬料。

水果珊瑚

材料

珊瑚菇……………100公克

蘋果………………………半個

紅櫻桃……………………6個

奇異果……………………1個

調味料

A 鹽………………………適量

B 千島醬………………適量

作法

1. 珊瑚菇去蒂，以鹽水汆燙，漂涼。
2. 蘋果去皮、去籽，切丁；奇異果去皮，切丁。
3. 將上述所有材料拌勻，瀝乾水分，盛盤。
4. 最後淋上千島醬即可食用。

珊瑚菇要燙至熟透，漂涼時最好使用冰開水，口感會更佳。

五味杏菇捲

材料

杏鮑菇……………… 3根
蘆筍………………… 6根
牙籤………………… 6枝
薑………………… 1小塊
辣椒………………… 1條
香菜………………… 1株

調味料

素蠔油…………… 1小匙
番茄醬…………… 2大匙
細砂糖……… 1又½大匙
香油……………… 1小匙
烏醋……………… 1小匙

作法

1. 杏鮑菇切片、汆燙，漂涼。
2. 蘆筍切段、汆燙，漂涼。
3. 薑、辣椒、香菜切末，與調味料拌勻製成五味醬。
4. 取蘆筍花的部分捲上杏鮑菇片，再以牙籤固定。
5. 淋上五味醬即可食用。

杏鮑菇要燙軟比較好捲，捲的時候才不易跳開。

五彩精靈

材料

白精靈菇……200公克
五彩堅果……2大匙
白芝麻……1小匙

調味料

醬油……½大匙
細砂糖……1小匙
白醋……1大匙
香油……½小匙
香菇粉……¼小匙
檸檬汁……½小匙

作法

1. 白精靈菇去蒂、汆燙，漂涼。
2. 調味料充分拌勻成為醬汁。
3. 汆燙後的白精靈菇泡入步驟**2**的醬汁中，20分鐘後再取出擺盤。
4. 撒上五彩堅果，最後再撒上白芝麻即完成。

白精靈菇是比較新的品種，富含礦物質，吃起來鮮脆可口，沒有一般菇類的腥味，很值得品嘗。

口袋真菇

材料

日本真姬菇……150公克

小黃瓜……………………1條

日本山藥………100公克

四方形壽司豆皮……3個

調味料

A 和風醬……………適量

B 甜辣醬……………適量

作法

1. 小黃瓜、日本山藥切小條之後，以和風醬稍微醃漬一下。
2. 真姬菇汆燙後也泡入和風醬。
3. 四方形壽司豆皮中的最下層先放入步驟**1**的材料，最上面再放真姬菇。
4. 最後將甜辣醬盛入小盤中，作為沾醬。

非常夠味的一道菜餚！如果不喜歡辣味，沾醬可以改為番茄醬。

翡翠舞茸

材料

日本舞茸菇……150公克
豌豆莢…………100公克
紅辣椒………………1條
蒟蒻小捲………100公克

調味料

芥末醬…………… ½小匙
芝麻醬…………… 1大匙
細砂糖…………… 1小匙
白醋……………… 1大匙
鹽………………… ¼小匙
香菇粉…………… ¼小匙
香油……………… 1大匙

作法

1. 舞茸菇去蒂、汆燙；豌豆莢去筋、汆燙。
2. 蒟蒻小捲汆燙，紅辣椒切片。
3. 將調味料調勻製成醬汁，接著放入上述所有材料拌勻，擺盤後即可食用。

請注意！這道菜為熱拌菜，不必漂涼，並請趁熱食用。

41

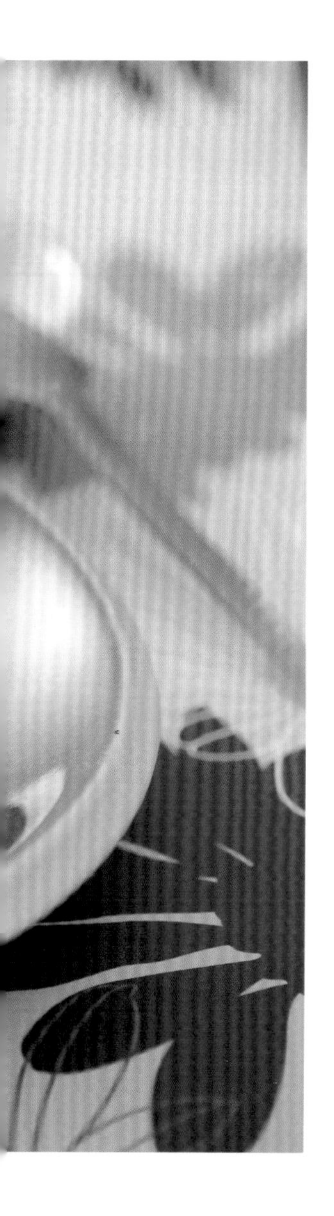

彩椒蘆薈

材料

蘆薈肉……………150公克

紅甜椒……………………1個

黃甜椒……………………1個

調味料

芥末醬…………………1小匙

素蠔油…………………1大匙

細砂糖……………… ½小匙

白芝麻…………………1小匙

作法

1. 蘆薈洗淨，切條，泡冰水。
2. 紅、黃甜椒洗淨，去籽，切條汆燙，泡冰水。
3. 將調味料拌勻，製成醬汁。
4. 將蘆薈及紅、黃甜椒瀝乾水分，擺盤，淋上醬汁即完成。

ADVICE 這是一道高纖維的無油菜餚，涼夏時的最佳選擇！一定要冰涼吃才夠味！

芒果山藥

材料

山藥 ………………… 200公克

芒果 ………………………… 1個

葡萄乾 ………………… 1小匙

調味料

沙拉醬 …………………… 適量

作法

1. 山藥洗淨、去皮、切條，汆燙後漂涼。
2. 芒果洗淨、去皮，取果肉切成條。
3. 將汆燙後漂涼的山藥排盤，再放上一半的芒果肉。
4. 另外一半的芒果肉剁碎，與沙拉醬拌勻成為沾醬。淋上沾醬，最後撒上葡萄乾即完成。

汆燙山藥時只要10秒鐘就好了，會較脆，口感也較好。

和風蔬果沙拉

材料

蘆筍……3根
美生菜……2片
番茄……1個
小黃瓜……1條
蘋果……1個
葡萄乾……1小匙

調味料

香菇醬油……2大匙
橄欖油……1大匙
香油……1大匙
細砂糖……2大匙
白芝麻……1小匙
檸檬汁……5CC
白醋……1又½大匙

作法

1. 蘆筍洗淨、切段，汆燙後漂涼。
2. 美生菜、番茄、小黃瓜、蘋果全部洗淨，切片，泡冰水。
3. 調味料調煮均勻，待涼放入檸檬汁製成沙拉醬汁。
4. 將蔬果材料瀝乾水分後排盤，最後撒上葡萄乾並淋上醬汁即完成。

蔬果材料最好先冰在冰箱內，口感會更脆。醬汁不要太早淋在沙拉上，食用前再淋即可。

芥末西芹

材料

西洋芹……………………1株

紅辣椒……………………1條

調味料

A 鹽 …………………… 1大匙

香菇粉…………½小匙

香油……………… 1大匙

B 芥末粉 …………… 2大匙

細砂糖…………½小匙

作法

1. 西洋芹洗淨，去頭尾，以滾水大火汆燙後泡冰水。
2. 芥末粉加入細砂糖及適量的冷開水拌勻，以袋子或容器密封，製成芥末醬。
3. 步驟**1**的西洋芹撕去老筋，切段後，置入冰箱冰涼備用。
4. 將步驟**2**的芥末醬與調味料**A**拌勻製成調味醬。
5. 取出步驟**3**的西洋芹，加入步驟**4**的調味醬，拌勻並撒上紅辣椒絲即可盛盤上桌。

食用時再把芥末調味醬拌入西洋芹中，這樣口感比較好，如果太早拌入調味醬，會把西洋芹的水分全都逼出來，口感較差。

紫捲山藥

材料

日本山藥……… 150公克

燒海苔………………… 1張

白芝麻……………… 2大匙

調味料

芥末醬………………… 適量

素蠔油………………… 適量

作法

1. 山藥去皮、洗淨，切成約4公分的長條，略微汆燙後漂涼。
2. 將燒海苔切成6等分，每等分的燒海苔捲入一小條山藥，並在山藥兩頭沾上炒熟的白芝麻。
3. 最後將芥末醬與素蠔油分別盛盤作為沾醬，即可上桌食用。

如果怕嗆辣不敢吃芥末，沾醬可以改成甜辣醬。

翠玉西芹

材料

西洋芹⋯⋯⋯⋯⋯⋯⋯⋯5根

紅甜椒⋯⋯⋯⋯⋯⋯⋯ 半個

調味料

芥末醬⋯⋯⋯⋯⋯⋯ ½小匙

鹽⋯⋯⋯⋯⋯⋯⋯1又½小匙

味醂⋯⋯⋯⋯⋯⋯⋯⋯1小匙

細砂糖⋯⋯⋯⋯⋯⋯ ½小匙

香菇粉⋯⋯⋯⋯⋯⋯ ½小匙

香油⋯⋯⋯⋯⋯⋯⋯⋯1大匙

作法

1. 西洋芹洗淨、去筋、去結、切條；紅甜椒洗淨去籽、切條（與西洋芹相同大小）。
2. 在鍋中燒開水，放入西洋芹煮1分鐘，再放紅甜椒，汆燙1分鐘，立即起鍋並泡入冰開水中。
3. 調味料可先拌好成醬汁，食用前再與步驟**2**的材料拌勻排盤即完成。

西洋芹一定要去筋才好吃，調味料必須食用前才拌入，這樣西洋芹才不會軟掉。

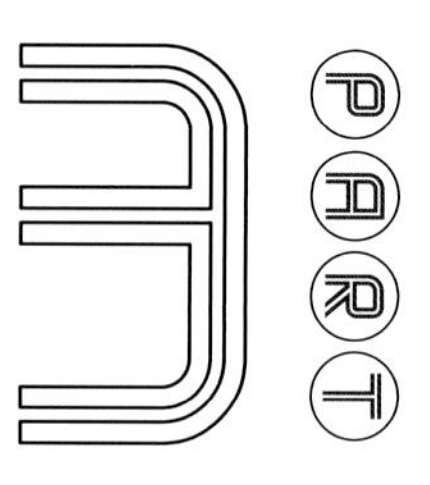
3
PART

COOKING
ENJOY
meal
TASTY
food AND Drink
Steam Cooking
LUNCH

水蒸美食

利用蒸籠或電鍋
幫助自己成為美食達人。
有時也搭配簡易的鍋煮，
更添美味層次！

47

五彩花生

材料

生花生……………… 200公克

五彩堅果…………… 100公克

調味料

鹽………………………… 1小匙

橄欖油…………………… 1小匙

味醂 ……………………¼小匙

作法

1. 生花生先以鹽水浸泡30分鐘，倒掉鹽水後，以清水清洗3遍，再放入電鍋中煮（外鍋1杯水），開關跳起之後再燜1小時。取出，趁熱拌入所有調味料，並靜泡於調味料中20分鐘，使其入味。
2. 將五彩堅果倒入步驟1的調味花生中，輕拌後即可食用。

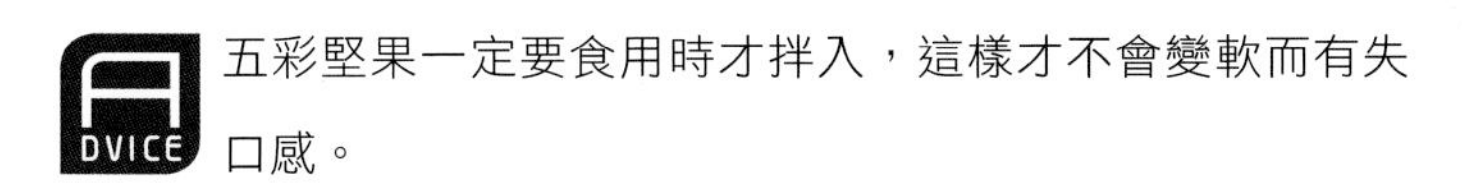

五彩堅果一定要食用時才拌入，這樣才不會變軟而有失口感。

醬汁山藥

材料

材料	份量
日本山藥	200公克
小番茄	3個
美生菜	2片

調味料

調味料	份量
黃芥末醬	1小匙
素蠔油	1小匙
果糖	1小匙
香油	1小匙

作法

1. 山藥洗淨，先不要去皮，放入蒸籠或電鍋蒸5分鐘，取出待涼，再去皮、切片，洗淨排盤。
2. 小番茄洗淨後對切排在盤子邊緣。
3. 最後將調味料拌勻製成醬汁，淋上食用或沾食都很不錯。

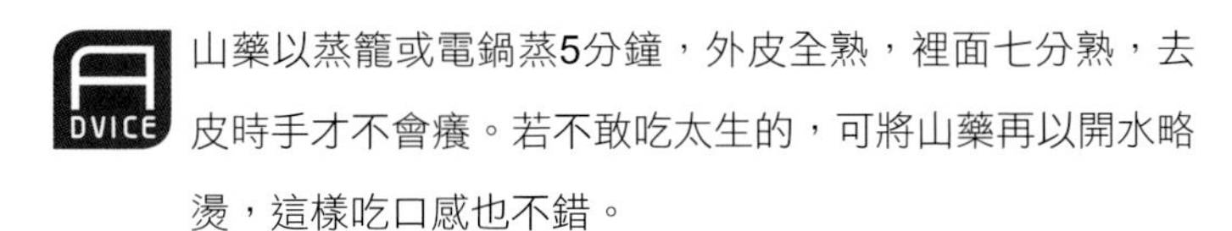

山藥以蒸籠或電鍋蒸5分鐘，外皮全熟，裡面七分熟，去皮時手才不會癢。若不敢吃太生的，可將山藥再以開水略燙，這樣吃口感也不錯。

粉紅白玉

材料

白蘿蔔……………………1條

素干貝醬……………… 半罐

紅甜椒………………… 少許

香菜…………………… 少許

調味料

A 鹽……………………1小匙

香菇粉……………1小匙

胡椒粉…………… ¼小匙

番茄醬……………1小匙

香油……………… ½小匙

B 太白粉水…………1小匙

作法

1. 白蘿蔔去皮，切四方塊如方糖般大小排列至大碗中，加入少許水，移入電鍋（外鍋1杯水）蒸熟。
2. 香菜切小斷；紅甜椒切末；素干貝醬拌開備用。
3. 白蘿蔔蒸熟後，將湯汁倒出盛入鍋中。
4. 煮開步驟**3**的蘿蔔湯汁，放入調味料**A**拌勻，再放入紅甜椒末、素干貝醬煮開，加入太白粉水勾芡起鍋。最後將芡汁淋在白蘿蔔塊上，再撒入香菜即完成。

白蘿蔔也可採用水煮的方式，但火不可太大，否則白蘿蔔會變黃。

50

瓜上瓜

材料

胡瓜……200公克
薑……1小塊
辣椒……1條
香菇……1朵

調味料

A 蔭瓜……1大匙
B 醬油……1大匙
香菇粉……½小匙
香油……1小匙

作法

1. 胡瓜去皮、洗淨，正面切十字花刀，汆燙後漂涼。
2. 薑、辣椒洗淨、切絲。香菇洗淨後去蒂，切成絲。
3. 胡瓜放在盤子上，上面放蔭瓜和香菇，放入蒸籠蒸12分鐘取出。
4. 最後鋪上薑絲與辣椒絲，再將調味料**B**拌勻後淋上即完成。

此作法可品嘗到胡瓜完整的甜味，一定要蒸透才好吃。

樹子燉苦瓜

材料

苦瓜……………………1條

薑……………………1小塊

樹子…………………1大匙

調味料

鹽……………………1小匙

香菇粉………………½小匙

味醂…………………1大匙

香油…………………1大匙

作法

1. 苦瓜洗淨後去籽，切長方塊，汆燙後漂涼。
2. 薑磨成泥。
3. 在苦瓜背面劃幾刀，使其更易入味，置於盤子上。
4. 樹子與所有調味料拌勻，淋在苦瓜上，放入蒸籠蒸20分鐘，取出即完成。

這道菜清爽不油膩，但蒸的時間一定要夠，苦瓜蒸至入口即化的程度才可以。

翡翠蜜玉

材料

豆腐……………………1盒

水蜜桃…………………3個

翡翠 ………………… 2大匙

調味料

鹽 …………………… 1小匙

香菇粉……………½小匙

太白粉水 ………… 1大匙

作法

1. 豆腐切絲，鋪放盤底，放入蒸籠中，蒸8分鐘即可取出。
2. 水蜜桃切成扇形，排在步驟**1**的豆腐上。
3. 翡翠加入調味料，並以水煮開，加入太白粉水勾芡製成醬汁。最後將醬汁淋上即完成。

這道菜夏天時可當點心，口感非常清爽。

蔗筍竹笙

材料

甘蔗筍……………………1包

竹笙 ……………………3條

枸杞 ………………… 1小匙

調味料

鹽 ……………………… 1小匙

香菇粉……………½小匙

香油 ………………… 1小匙

太白粉水 ………… 1小匙

作法

1. 竹笙泡水、切段，枸杞泡水備用。
2. 甘蔗筍放入蒸籠蒸8分鐘，取出排盤。
3. 竹笙加入調味料以適量的水煮開，加入太白粉水勾芡後撒上枸杞起鍋。排盤時先放上竹笙，最後將湯汁淋上即完成。

甘蔗筍最好選用市售的調理包較方便。

香菇蒸豆腐

材料

乾香菇…………………數朵
蛋豆腐……………………1盒
胡蘿蔔……………………1塊
青豆仁………………… ½杯

調味料

鹽……………………… 1小匙
香菇粉……………… 1小匙
香油 ………………… 1小匙
薑汁 ………………… 1小匙
水……………………… 3小匙
太白粉………………… 少許

作法

1. 乾香菇泡水去蒂。
2. 胡蘿蔔去皮後切片，蛋豆腐切厚片。
3. 將胡蘿蔔1片、蛋豆腐1片、香菇1片重疊如鱗片狀排列，放入蒸籠蒸10分鐘後取出。
4. 青豆仁略煮後取出，裝飾於豆腐邊。
5. 將調味料煮勻製成湯汁，再將湯汁勾芡淋上即完成。

蒸豆腐時請注意火候，水開後才可放入豆腐，且不可蒸太久，否則豆腐會太老不好吃。

蔭瓜蒸洋菇

材料

洋菇……8朵
蔭瓜……1大匙
紅甜椒……半個
秋葵……6根

調味料

香菇粉……½小匙
味醂……½小匙
香油……1小匙

作法

1. 洋菇去蒂後汆燙，漂涼後切扇形。
2. 紅甜椒切成三角形。
3. 秋葵去蒂後汆燙，漂涼備用。
4. 蔭瓜切末與所有調味料拌勻。
5. 將已汆燙過的秋葵與紅甜椒排盤邊，步驟**1**的扇形洋菇排在盤子中間。
6. 最後淋上步驟**4**的調味醬，入鍋蒸8分鐘，取出即可食用。

調味時可加一點蔭瓜湯汁，較甘醇可口。秋葵汆燙時不要燙太熟，蒸起來才好吃。

白玉菇捲

材料

美白菇…………150公克
素干貝醬……………2匙
高麗菜葉……………3片
豌豆莢………………6片

調味料

素蠔油……………1小匙
香菇粉……………½小匙
黑胡椒……………½小匙
味醂………………1小匙
香油………………1小匙
太白粉……………1小匙

作法

1. 美白菇去蒂汆燙，拌入素干貝醬，做成餡料。
2. 高麗菜整葉汆燙，漂涼。
3. 將步驟**2**的高麗菜葉包入步驟**1**的餡料，捲成長條形，放入蒸籠蒸6分鐘後取出。
4. 豌豆莢汆燙後沿著盤緣排列。步驟**3**的高麗菜捲斜向對切，切口朝上擺盤。
5. 調味料加水煮開，勾芡淋上即完成。

高麗菜包捲餡料的時候，必須捲緊，切開時才不會散掉。

57

八寶芋絲塊

材料

- 芋頭……1個
- 蜜八寶甜豆……2包
- 葡萄乾……50公克
- 椰子粉……½杯

調味料

- 糖……2大匙
- 沙拉油……2大匙
- 玉米粉……½杯
- 鹽……少許

作法

1. 芋頭去皮、刨絲，以少許鹽略醃。
2. 蜜八寶甜豆、芋頭絲、葡萄乾及調味料、玉米粉一起拌匀。
3. 取托盤，盤底鋪平年糕紙，再把步驟**2**的食材放入，稍微壓緊之後移入蒸籠蒸40分鐘，取出待涼，切塊後撒下椰子粉即可食用。

也可以不必撒椰子粉，但是撒上椰子粉會更好吃。建議芋頭盡量選用檳榔芋，口感更佳。

荷花豆腐

材料

材料	份量
盒裝豆腐	1盒
小黃瓜	數片
胡蘿蔔	2片
白果	100公克
髮菜	5公克

調味料

A	醬油	1小匙
	糖	½小匙
	味醂	1小匙
B	鹽	少許
	香菇粉	少許
	蛋清	1個
C	鹽	½小匙
	香菇粉	½小匙
	太白粉	1小匙
	香油	1小匙

作法

1. 豆腐壓碎成泥狀，拌入調味料B，打成漿，湯匙抹油舀漿塑形，將塑形的豆腐放入盤中，以髮菜、小黃瓜、胡蘿蔔裝飾，放入蒸籠蒸5分鐘，取出，即成荷花豆腐。
2. 白果汆燙取出，加入調味料A煮至收汁放入盤中，擺在荷花豆腐旁邊。
3. 將調味料C加水煮開，勾芡後淋上即完成。

蒸荷花豆腐不可蒸太久，否則豆腐會發漲變老，不好看又不好吃；塑形時，從湯匙取下豆腐時，湯匙稍為震一下就可取下，不要以手硬挖，以免破壞形狀。

桂圓紅棗煨雪耳

材料

桂圓肉⋯⋯⋯⋯⋯⋯ 1小匙
紅棗⋯⋯⋯⋯⋯⋯⋯⋯6個
白木耳（乾）⋯⋯⋯ 1大朵

調味料

冰糖⋯⋯⋯⋯⋯⋯⋯ 1小匙
桂花醬⋯⋯⋯⋯⋯⋯½小匙

作法

1. 洗淨紅棗放入鍋中，加水蒸30分鐘後取出。
2. 步驟**1**加入桂圓肉，繼續以小火煮開，再加入冰糖略煮。
3. 待桂圓肉全部舒展開來之後，放入白木耳，繼續以小火慢煮至膠質軟化，等到湯汁略呈濃稠狀即可熄火食用。

這裡的白木耳要煮出軟嫩的口感，而不是脆硬的口感，請以小火慢煮。

翡翠太極

材料

盒裝豆腐⋯⋯⋯⋯⋯⋯2盒
香菇⋯⋯⋯⋯⋯⋯⋯⋯3朵
胡蘿蔔⋯⋯⋯⋯⋯⋯⋯3片
青豆仁⋯⋯⋯⋯⋯⋯⋯3粒
翡翠⋯⋯⋯⋯⋯⋯⋯⋯1盒

調味料

鹽⋯⋯⋯⋯⋯⋯⋯⋯⋯1小匙
香菇粉⋯⋯⋯⋯⋯⋯ ½小匙
香油⋯⋯⋯⋯⋯⋯⋯⋯1小匙
太白粉⋯⋯⋯⋯⋯⋯⋯1小匙

作法

1. 豆腐以圓形模具壓出6個圓柱。
2. 香菇泡軟，取外層黑色部分切成6個半邊太極的形狀。
3. 胡蘿蔔片同樣切成6個半邊太極的形狀。
4. 豆腐上層表面沾一些乾太白粉，將步驟**2**、**3**的香菇及胡蘿蔔貼在上面，組成一個太極形狀，並於太極圖上點點的位置放上半顆青豆仁。接著放入蒸籠蒸2分鐘，取出。
5. 鍋內放半杯水煮開，放入調味料勾芡，製成湯汁。先取出一半的湯汁，剩下的倒入翡翠拌煮均勻，鋪在盤底，再把太極豆腐放在上面，最後淋上剛才取出的的湯汁即完成。

蒸豆腐時，要選用平面且方便取出的盛盤，才不會容易把豆腐弄破。

自然食趣 23

小廚房的食養計劃

零油煙の蔬食好味×60

作　　者／陳穎仁
發 行 人／詹慶和
總 總 輯／蔡麗玲
執行編輯／李宛真
編　　輯／蔡毓玲・劉蕙寧・黃璟安・陳姿伶・李佳穎
執行美編／韓欣恬
美術編輯／陳麗娜・周盈汝
攝　　影／王耀賢
出 版 者／養沛文化館
發 行 者／雅書堂文化事業有限公司
郵政劃撥帳號／18225950
戶　　名／雅書堂文化事業有限公司
地　　址／新北市板橋區板新路206號3樓
電子信箱／elegant.books@msa.hinet.net
電　　話／(02)8952-4078
傳　　真／(02)8952-4084

2018年1月初版一刷　定價／280元

經銷／易可數位行銷股份有限公司
地址／新北市新店區寶橋路235巷6弄3號5樓
電話／(02)8911-0825
傳真／(02)8911-0801

國家圖書館出版品預行編目(CIP)資料

小廚房的食養計劃：零油煙の蔬食好味×60 / 陳穎仁著
-- 初版. -- 新北市：養沛文化館出版：雅書堂文化發行, 2018.01
面 ;公分. -- (自然食趣 ; 23)
ISBN 978-986-5665-51-7(平裝)

1.素食食譜

427.31　　106021004

ENJOY
meal
COOKING
LUNCH
All I WANT
is a Big Meal
VEGETABLES
Dinner is ready
eating is fun
KITCHEN

ENJOY meal
COOKING
LUNCH
All I WANT is a Big Meal
VEGETABLES
Dinner is ready
eating is fun
KITCHEN